ÍNDICE

1. Características microbiológicas de *Staphylococcus aureus*
    1.1. Descripción del género y características generales
    1.2. Estructura y factores de virulencia
    1.3. Manifestaciones clínicas
    1.4. Antibióticos con actividad frente a *S. aureus*
2. Bacteriemia por *S. aureus*
    2.1. Epidemiología de la bacteriemia por *Staphylococcus aureus*
    2.2. Características clínicas y complicaciones de las bacteriemias
    2.3. Diagnóstico de la bacteriemia. Hemocultivo
3. Diagnóstico de laboratorio
    3.1 Microscopía
    3.2 Cultivo

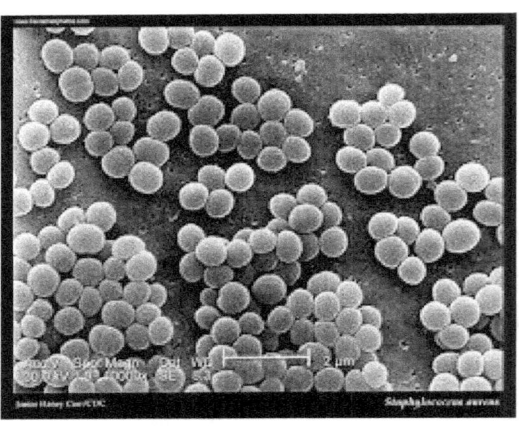

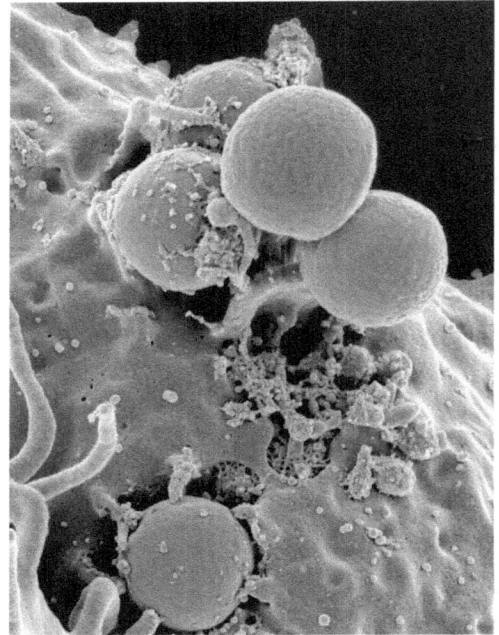

1. Características microbiológicas de *Staphylococcus aureus*

1.1 Descripción del género y características generales

El género *Staphylococcus* está ubicado en la familia *Micrococaceos*, que son cocos gram positivos, que se disponen en grupos a modo de racimos irregulares (del griego *staphylé*, racimo de uvas), de donde procede su nombre, aunque en las muestras clínicas pueden aparecer aislados o formando parejas. Inicialmente los estafilococos se clasificaron dentro de un género común con los micrococos responsables de la inflamación y supuración.

Los estafilococos son microorganismos poco exigentes en sus requerimientos nutricionales. Crecen en muy diversas condiciones ambientales, pero lo hacen mejor a temperaturas entre 30 y 37 °C y a un pH próximo a siete. Son resistentes a la desecación y a los desinfectantes químicos, y toleran concentraciones de NaCl de hasta el 12%. Crecen fácilmente en los medios de cultivo habituales, aunque su crecimiento es mejor en medio sal manitol y en agar sangre. Son microorganismos no móviles, aerobios o anaerobios facultativos. La producción del enzima catalasa es una prueba bioquímica que los diferencia de otro género de cocos grampositivos.

El género *Staphylococcus* se compone de una variedad de especies y de subespecies. Las que se asocian con más frecuencia a enfermedad en el ser humano son *Staphylococcus aureus* (el patógeno por excelencia del género), *S. epidermidis*, *S. saprophyticus*, *S. capitis*, *S. warneri*, *S. schleferi* y *S. haemolyticus*. De ellas, sólo *S. aureus* se caracteriza por producir el enzima coagulasa.

Staphylococcus aureus	Staphylococcus schleiferi
Staphylococcus epidermidis	Staphylococcus pasteuri
Staphylococcus saprophyticus	Staphylococcus auricularis
Staphylococcus haemolyticus	Staphylococcus cohnii
Staphylococcus warneri	Staphylococcus xylosus
Staphylococcus hominis	Staphylococcus saccharolyticus
Staphylococcus simulans	Staphylococcus caprae
Staphylococcus lugdunensis	Staphylococcus pulvereri
Staphylococcus capitis	

Especies humanas del género Staphylococcus

Dado que las restantes especies estafilocócicas carecen de la capacidad de producir coagulasa, se estudian como coagulasa-negativos.

S. aureus se caracteriza por crecer en medios de cultivo que contienen sangre como colonias típicas de consistencia cremosa, pigmentadas de color amarillo o dorado y con un halo de β-hemólisis a su alrededor, bioquímicamente destaca la producción de enzimas como catalasa y coagulasa, la capacidad de fermentar el manitol y la trehalosa, y la producción de una nucleasa estable al calor (termonucleasa).

En los humanos, *S. aureus* puede existir dentro de la flora normal de piel y mucosas; muestra preferencia por la región anterior de las fosas nasales, en especial en adultos.

En el caso de enfermos con forunculosis recurrente y en el de pacientes sometidos a procedimientos médicos, como hemodiálisis o cirugía se dan tasas elevadas.

El *S. aureus* resistente a meticilina (SARM) puede transmitirse horizontalmente entre individuos, por contacto directo o a través del contacto con objetos inanimados contaminados. Muchos casos de infección nosocomial se adquieren por la exposición a las manos de personal sanitario, después de que éstos hayan sido transitoriamente colonizados por *S. aureus* desde su propio reservorio o a partir del contacto con un paciente infectado.

1.2 Estructura y factores de virulencia

La patogenia de las infecciones por *S. aureus* es un fenómeno complejo en el que se combinan los factores de virulencia bacteriana con la disminución de las defensas del huésped. En su acción patógena intervienen productos tanto estructurales como secretados que pueden ser expresados por este microorganismo y favorecen la invasión tisular y diseminación en los tejidos del huésped.

La forma y estabilidad de la bacteria es conferida por una pared celular de peptidoglicano y los ácidos teicóicos

- **El peptidoglicano** es el componente básico de la pared celular confiriéndole resistencia osmótica. Tiene actividad de tipo endotoxina, hecho que es importante en la patogenia de la infección; desencadena la producción de interleucina-1 por los monocitos; estimula la quimiotaxis y agregación de los leucocitos; activa el complemento e induce la producción de anticuerpos opsonizantes.

Las enzimas que catalizan la construcción del peptidoglicano son las proteínas de unión a penicilina (PBP), siendo las dianas de los antibióticos betalactámicos.

- **Los ácidos teicóicos** son polímeros de fosfato específicos de especie.

- **Proteínas de adhesión a superficies:**

Se han identificado una gran cantidad de proteínas de superficie importantes en la adherencia a los tejidos del hospedador. Entre las proteínas mejor caracterizadas están la proteína A, las proteínas de unión al colágeno (Cna), la fibronectina y el fibrinógeno y la sialoproteína ósea.

La proteína A estafilocócica funciona como un factor de virulencia al interferir en la ingestión de los microorganismos por parte de los leucocitos polimorfonucleares, activar al complemento y estimular reacciones de hipersensibilidad de tipo inmediato y retardado.

Las proteínas A y B del factor de agregación, clumpling factor, o coagulasa ligada se unen al fibrinógeno y lo convierten en fibrina insoluble, facilitando así la agregación bacteriana. La detección de esta proteína, junto a la de la proteína A, constituyen las pruebas de identificación principal de *S. aureus*.

- **Cápsula externa o glucocalix.** Otro factor importante en *S. aureus* es la cápsula de naturaleza polisacárida denominado slime o cápsula mucoide, que facilita la adherencia de las bacterias a diversas células, además de tener capacidad antifagocitaria. Se han identificado 11 serotipos capsulares.

S. aureus produce un gran número de exoenzimas que facilitan la invasión y destrucción tisular y ejercen su acción en zonas próximas al foco infeccioso.

Entre estas enzimas destacan: la catalasa, enzima que degrada el peróxido de hidrógeno protegiendo al microorganismo durante la fagocitosis y la coagulasa que se presenta en dos formas: como factor de agregación o coagulasa ligada y como coagulasa libre.

La coagulasa ligada es capaz de convertir directamente, sin intervención de factores plasmáticos, el fibrinógeno en fibrina, produciendo la coagulación del plasma.

Ambas pueden recubrir las células bacterianas con fibrina y hacerlas resistentes a la fagocitosis, permitiendo la formación de coágulos, facilitando procesos sépticos y la formación de abscesos, existiendo una fuerte correlación entre la producción de coagulasa y la virulencia de la cepa.

La detección de la coagulasa libre es la prueba que diferencia a *S. aureus* de los estafilococos coagulasa negativos.

La mayoría de las cepas de *S. aureus*, sintetizan además otras enzimas que permiten la destrucción de los tejidos y la diseminación de los microorganismos. Entre éstas destacan: hilauronidasas (hidrolizan la matriz intercelular de mucopolisacáridos entre los tejidos y permite la diseminación de los microorganismos a zonas adyacentes), lipasas (contribuyen a la diseminación de los microorganismos en los tejidos cutáneos y subcutáneos provocando forunculosis crónica), fosfolipasa C y fibrinolisinas.

La penicilinasa actualmente es producida por casi todas las cepas de *S. aureus*. Es una β-lactamasa que inactiva la penicilina hidrolizando el anillo βeta-lactámico. Es uno de los factores de virulencia de mayor impacto en *S. aureus*.

La producción de esta enzima puede ser inducible (es decir, se produce sólo en presencia de antibióticos beta-lactámicos) o constitutiva y hace que estos microorganismos sean resistentes a la penicilina y la ampicilina. Los genes que codifican esta enzima habitualmente residen en plásmidos que también poseen genes para la resistencia a diversos antibióticos, como la eritromicina y la tetraciclina. Estos genes de resistencia pueden ser transferidos a otras bacterias por transformación y transducción.

Toxinas:

Algunas cepas de *S. aureus* son capaces de sintetizar proteínas extracelulares adicionales que producen su acción en zonas distales del foco infeccioso.

Las más importantes son:

- *Hemolisinas:* se han identificado cuatro denominadas alfa, beta, delta y gamma. Son sintetizadas por la mayoría de cepas de *S. aureus*.

La *toxina alfa* es la mejor estudiada ya que es considerada el prototipo de la toxina formadora de poros. Es citolítica para un gran número de células y parece intervenir en el desarrollo de edema y daño tisular como consecuencia de los cambios de permeabilidad inducidos en las células endoteliales y los consiguientes cambios en el balance iónico. Es dermonecrótica y neurotóxica.

La *toxina beta* es una esfingomielinasa cuyas propiedades hemolíticas son incrementadas por la exposición posterior de los eritrocitos a bajas temperaturas.

La *toxina gamma* afecta a neutrófilos, macrófagos y eritrocitos. Se cree que tiene efecto en la inducción de la inflamación.

La *toxina delta* se encuentra en algunas cepas de *S. aureus* y también produce la lisis de diferentes tipos celulares, actuando fundamentalmente como surfactante y además tiene actividad enzimática similar a la toxina colérica, teniendo importancia en la diarrea asociada a enfermedad estafilocócica.

- *Enterotoxinas:* son producidas por el 30-50% de las cepas de *S. aureus*. Son responsables de toxiinfecciones alimentarias con emesis y cuadros de enterocolitis. Poseen las características inmunomoduladoras propias de los superantígenos. Se han descrito 18 serotipos de enterotoxinas (A-R) que difieren en sus características físicas y moleculares, teniendo todas ellas capacidad para inducir el vómito. El más frecuente de ellos es el A. En los últimos años se describieron otras toxinas químicamente y biológicamente relacionadas, en las que no ha sido testada la propiedad emética y a las que se denominó "toxinas similares a la enterotoxina estafilocócica" (enterotoxina-like). La más representativa es la toxina *ss1*.

- Otro tipo de superantígeno es la *toxina TSST-1 o toxina 1 del síndrome del shock tóxico*, antes denominada exotoxina pirogénica o enterotoxina F, que puede producir cuadros similares al shock séptico por la producción incontrolada de citoquinas mediante la activación del sistema inmunológico y del sistema de la coagulación.

- *Toxina exfoliativa o epidermolisina:* este microorganismo también puede producir la toxina exfoliativa o epidermolisina responsable del síndrome de la piel escaldada o del impétigo bulloso.

1.3 Manifestaciones clínicas

S. aureus es una de las principales causas de infección en el hombre. Éstas suelen producirse tras lesiones cutáneas, traumáticas o quirúrgicas que favorecen la penetración del microorganismo desde la piel hasta los tejidos profundos.

Muchas de estas infecciones, aunque inicialmente localizadas, pueden diseminarse y ser origen de bacteriemias, endocarditis, infecciones intravasculares o neumonía, además de producir un elevado número de infecciones relacionadas con la utilización de catéteres, prótesis y otros dispositivos médicos.

Entre los cuadros clínicos producidos por *S. aureus* están:

A) Infecciones de piel y partes blandas

Se caracterizan por la formación de vesículas pustulosas que comienzan en los folículos pilosos propagándose a los tejidos vecinos. La foliculitis es una infección superficial del folículo piloso. Su extensión al tejido perifolicular da lugar al forúnculo.

El ántrax es la infección de varios forúnculos con extensión al tejido subcutáneo. En un tercio de los casos puede producir bacteriemia. En el caso de SARM adquirido en la comunidad, la mayoría de las infecciones que produce afectan a la piel y tejidos blandos produciendo principalmente forunculosis

Otras infecciones cutáneas son impétigo, mastitis, hidrosadenitis supurada, celulitis, fascitis y paroniquia.

Existen factores que predisponen a estas infecciones como la diabetes mellitus, vasculopatías, enfermedades neurológicas, alteraciones en el drenaje linfático, enfermedades cutáneas e inmunosupresión. También puede causar infección de úlceras crónicas (pie diabético, úlceras por presión).

S. aureus es uno de los patógenos más frecuentes en infecciones de heridas quirúrgicas tanto superficiales como profundas, al tratarse de un colonizador habitual de la piel, siendo la lesión más común la formación de exudado purulento o absceso.

B) Bacteriemia y endocarditis

S. aureus es una causa frecuente de bacteriemia. En un tercio de los casos el foco es desconocido. El foco inicial de las bacteriemias producidas en el hospital y las asociadas a cuidados sanitarios suelen relacionarse con abcesos vasculares y otros procedimientos invasivos, mientras que en las comunitarias el foco de origen suele ser infecciones cutáneas y, más raramente, infecciones del tracto respiratorio que, pese a ser menos frecuentes, se relacionan con un mayor riesgo de complicaciones y mortalidad.

Alrededor de un tercio de los pacientes con bacteriemia por *S. aureus*, desarrollan complicaciones locales o metastásicas, destacando por su gravedad la endocarditis.

La frecuencia de endocarditis entre los pacientes con bacteriemia por *S. aureus* varía entre un 5% y un 21%, respectivamente, según sean pacientes con bacteriemia nosocomial o de adquisición comunitaria. *S. aureus* es la causa más frecuente de endocarditis infecciosa aguda, afecta sobre todo a las válvulas mitral y aórtica, ya sean nativas o protésicas.

C) Pericarditis

Generalmente es de origen hematógeno, aunque también puede ocurrir tras cirugía, en cuyo caso el pronóstico es grave, o por un traumatismo penetrante.

D) Infecciones de vías respiratorias

Aunque las infecciones respiratorias nosocomiales pueden deberse a diversas etiologías, *S. aureus* se encuentra entre las tres más frecuentes, siendo la mitad de los aislamientos resistentes a meticilina.

Los principales factores de riesgo de adquisición de neumonía nosocomial por SARM son la presencia de EPOC (Enfermedad Pulmonar Obstructiva Crónica), el uso de corticoides, antibioterapia previa o, más frecuentemente, pacientes sometidos a ventilación mecánica prolongada.

Por otro lado, la neumonía es, junto a la infección de piel y partes blandas, otra de las manifestaciones características de SARM comunitario y afecta tanto a adultos como a individuos jóvenes debido, frecuentemente, a complicación de cuadros víricos gripales, aunque a diferencia de la nosocomial, suele progresar rápidamente.

También es frecuente encontrar a *S. aureus* como agente etiológico de sinusitis y de infección bronquial en pacientes con fibrosis quística.

E) Infecciones musculoesqueléticas

S. aureus es el principal agente etiológico de la osteomielitis bien por diseminación hematógena o por contigüidad, propiciado por la gran variedad de factores de virulencia que le permiten adherirse, evadir la respuesta del hospedador y degradar la matriz del hueso.

En los niños afecta habitualmente a las metáfisis de los huesos largos mientras que en los adultos suele afectar al tejido esponjoso vertebral.

Respecto a la infección de prótesis articulares, *S. aureus* se adhiere gracias a la capacidad para formar biopelículas produciéndose manifestaciones clínicas derivadas de la respuesta inmune local.

También es el principal agente etiológico de la artritis séptica y de bursitis.

F) Infecciones de sistema nervioso central

La meningitis piógena estafilocócica.

S. aureus puede ser responsable de meningitis asociadas a enfermedades cardiovasculares, inmunodeficiencias o edad avanzada.

G) Infecciones de vías urinarias

La infección de las vías urinarias por *S. aureus* es muy rara.

H) Cuadros producidos por toxinas

Dentro de los cuadros producidos por la secreción de toxinas estafilocócicas destacan:

- Síndrome de la piel escaldada estafilocócica.
- Síndrome del shock tóxico.
- Toxiinfecciones alimentarias o gastroenteritis tóxicas estafilocócicas: se deben a la ingestión de alimentos contaminados con enterotoxinas estafilocócicas, productoras de un cuadro autolimitado que cursa con vómitos, dolor cólico y diarrea a las pocas horas de la ingestión.

1.4 Antibióticos con actividad frente a *S. aureus*

Los antibióticos que tienen actividad frente a *S. aureus*, ejercen su acción por diferentes mecanismos:

1-Inhibiendo la síntesis de la pared celular como los antibióticos β-lactámicos y glucopéptidos que actúan bloqueando distintos procesos implicados en la síntesis del peptidoglicano.

Los glicopéptidos (vancomicina y teicoplanina) impiden la síntesis del peptidoglicano en un paso anterior al de los β-lactámicos, ya que evita el proceso de polimerización necesario para que el complejo disacárido-pentapéptido se separe del fosfolípido de la membrana; de este modo, secundariamente alteran la permeabilidad de la membrana celular.

2-Inhibiendo la síntesis proteica, entre estos se encuentran: los aminoglucósidos, tetraciclinas, macrólidos, lincosaminas, estreptograminas, cetólidos (telitromicina), cloranfenicols., oxazolidinonas, ácido fusídico o mupirocina.

Éstos dos últimos son antibióticos tópicos, especialmente útiles en el control de la diseminación hospitalaria de *S. aureus* resistente a la meticilina.

Actualmente la única oxazolidinona utilizada en la práctica clínica es el linezolid, cuyo mecanismo de acción consiste en inhibir la formación del complejo de iniciación en la síntesis de proteínas bacterianas.

3- Bloqueando la síntesis de los ácidos nucléicos, como sulfonamidas y trimetoprím que actúan inhibiendo el metabolismo del ácido fólico, quinolonas que interfieren en la replicación del DNA por inhibición de la DNA-girasa o rifampicina que afecta a la transcripción inhibiendo la RNA-polimerasa dependiente de DNA.

4- Actuando a nivel de la membrana plasmática: La daptomicina es un lipopéptido macrocíclico natural que actúa insertándose directamente en la membrana citoplasmática.

2. Bacteriemia por *S. aureus*

La bacteriemia se define como la presencia de bacterias en sangre; el término fungemia se utiliza para designar la presencia de hongos en la sangre.

Ambas son complicaciones graves de infecciones bacterianas y fúngicas. La invasión del torrente circulatorio por microorganismos puede producirse desde un foco infeccioso extravascular mediante el sistema linfático y directamente desde focos intravasculares (endocarditis, infecciones de catéteres intravasculares).

Las bacteriemias pueden presentar 3 patrones clínicos:

a. Bacteriemia transitoria: aquella que tiene lugar tras la manipulación de tejidos infectados (absceso, forúnculos, cirugía) o la instrumentación de superficies mucosas (endoscopias, cistoscopias, etc.) y dura de minutos a horas.
b. Bacteriemia intermitente o "de brecha": aquella que se aclara y vuelve a recurrir. Es típica de infecciones cerradas como por ejemplo, los abscesos intraabdominales.
c. Bacteriemia continua o persistente: cuando los hemocultivos se mantienen positivos después de 48-96 horas (h) de tratamiento adecuado. Es característica

de las infecciones endovasculares como las endocarditis, tromboflebitis supurada, etc.

El fracaso microbiológico durante y tras el tratamiento antimicrobiano de una bacteriemia, puede manifestarse como, una "bacteriemia persistente", una "bacteriemia de brecha" o como una recidiva.

Se recomienda, debido a su valor pronóstico demostrado, obtener hemocultivos a las 48 y 96 h del inicio de tratamiento en las bacteriemias por *S. aureus*.

S. aureus fue el patógeno causante de bacteriemia más frecuente en EEUU (prevalencia del 26%) según los datos del "Antimicrobial Surveillance Program" y es la segunda causa en frecuencia de bacteriemia nosocomial en Europa.

Además, a diferencia de la producida por otros patógenos, la bacteriemia por *S. aureus* (BSA) incrementa el tiempo y costes de hospitalización, y se asocia a una mayor morbilidad y mortalidad.

2.1 Epidemiología de la bacteriemia por *S. aureus*

La incidencia de bacteriemia varía de unos hospitales a otros en función de múltiples factores, sobre todo, de las características del hospital y de la población a la que atiende. Datos publicados recientemente han demostrado que se ha producido un aumento en la incidencia de las bacteriemias en la última década.

El *lugar de adquisición* nos orienta sobre la etiología y, junto con el conocimiento de los patrones de sensibilidad antimicrobiana, determina la elección del tratamiento empírico.

a) La bacteriemia adquirida en la comunidad (BAC) se define como aquella que se adquiere en la comunidad y es detectada en las primeras 48 horas de hospitalización.

b) La bacteriemia nosocomial (BN) se define como aquella que se adquiere en el hospital, es decir no estaba presente, ni en incubación, antes del ingreso del paciente. En general, se manifiesta a partir de 48 horas tras el ingreso. Las infecciones nosocomiales constituyen actualmente una de las principales causas de morbilidad y mortalidad en las instituciones sanitarias, ocasionando un aumento importante del gasto sanitario.

c) Como consecuencia de los cambios registrados en la asistencia sanitaria en los últimos años, se modificó la clasificación clásica del "*Centers for Diseases Control and Prevention*"(CDC) de EEUU y se propuso una tercera categoría epidemiológica, la bacteriemia relacionada con la atención sanitaria que incluyen aquellas bacteriemias no nosocomiales pero que ocurren en pacientes que, no estando hospitalizados, comparten características propias de la hospitalización como haber sido sometidos a una intervención quirúrgica o procedimiento invasivo, ingreso hospitalario en los 30 días previos, pacientes institucionalizados en centros médicos de pacientes crónicos, con contacto contínuo ambulatorio o con el centro hospitalario como los pacientes onco-hematológicos, o pacientes en programa de hemodiálisis ambulatoria.

Entre los *factores de riesgo* para tener una bacteriemia por *S. aureus* (BSA) destaca la colonización previa, la diabetes mellitus, la inmunosupresión, la presencia de hepatopatía crónica, la utilización de drogas por vía parenteral, la existencia de lesiones cutáneas, el ingreso hospitalario previo, hemodiálisis, estancia en UCI, presencia de diferentes cuerpos extraños (urológicos, protésicos y fundamentalmente, vasculares).

La presencia de un catéter venoso central se ha identificado como el factor de riesgo más importante para el desarrollo de BAS, principalmente en pacientes ingresados en UCI, sin embargo, el aumento de la utilización de los catéteres vasculares periféricos ha tenido como consecuencia el aumento del número de complicaciones como la flebitis, la trombosis y la bacteriemia.

Las características de los pacientes influyen en las manifestaciones clínicas de la bacteriemia y en el pronóstico de la misma.

En el caso de pacientes infectados con el virus de la inmunodeficiencia humana (VIH), *S. aureus* es el agente más común en bacteriemias. Se estima que el 10% de los pacientes VIH positivos que ingresan en un hospital lo hacen por bacteriemia, siendo *S. aureus* el microorganismo aislado en el 31% de los casos, lo que supone una incidencia de 1.5 episodios por cada 100 personas-año.

En cuanto a pacientes portadores de trasplante de órgano sólido, S*taphylococcus* coagulasa negativo supone casi el 40% de los casos de bacteriemia en los pacientes con trasplante hepático, oscilando el porcentaje de *S. aureus* resistente a meticilina entre el 45% en algunos hospitales americanos y el 4,2% en nuestro país. El origen de la bacteriemia no se llega a conocer en el 28% de los casos, siendo el catéter responsable del 14% de los casos, el foco abdominal del 21,4% y el pulmón del 14%.

S. aureus supone entre el 7 y el 11% de los aislamientos en los hemocultivos en población oncológica, siendo el catéter la causa más frecuente de bacteriemia. Del 33 al 40% de los pacientes presentan complicaciones sépticas derivadas de la infección, de las que el 19% fueron intravasculares, siendo la más frecuente la tromboflebitis séptica.

Los pacientes en diálisis crónica presentan un riesgo especialmente elevado de presentar bacteriemia por *S. aureus*, con una incidencia anual del 4%.

La incidencia de bacteriemia por *S. aureus* en pacientes en hemodiálisis con catéter tunelizados varía entre el 0,6 y el 7,7 por cada 1000 catéteres-día, más elevada que la debida a la cateterización de una fístula arteriovenosa permanente, que se sitúa entre el 0,2 y el 0,5 por cada 1000 catéteres-día.

2.2 Características clínicas y complicaciones de las bacteriemias

En términos generales, la bacteriemia no da lugar a un cuadro clínico específico.

Habitualmente se presenta con manifestaciones sistémicas como fiebre y escalofríos, a las que en ocasiones, se añaden síntomas y signos derivados del foco de origen y/o de las metástasis sépticas.

Esta falta de especificidad ha motivado el desarrollo de modelos clínicos predictores de bacteriemia.

Algunas de las variables clínicas descritas como predictoras de bacteriemia son: el foco urinario, la temperatura igual o mayor de 38 °C, la neutrofilia y la velocidad de sedimentación globular igual o mayor de 70.

También se han evaluado variables analíticas, como la procalcitonina, aunque su utilidad no se ha llegado demostrar completamente.

La invasión de las bacterias al torrente sanguíneo puede ocasionar una respuesta inflamatoria sistémica que es lo que se conoce como "sepsis".

Una minoría de infecciones locales o de bacteriemias por *S. aureus* progresan a sepsis grave.
Los factores de riesgo para la misma serían la edad avanzada, la inmunosupresión, la quimioterapia, y los procedimientos de diagnóstico invasivos.

Diversos estudios han demostrado que la progresión a sepsis grave y shock séptico como consecuencia de una bacteriemia es mayor en los pacientes críticos, puede variar en función del origen de la bacteriemia y de los microorganismos causantes y además va asociada a un aumento de la mortalidad.

Según estos mismos estudios, las bacteriemias secundarias a neumonías, infecciones abdominales y urinarias son las que se relacionan con mayor incidencia de sepsis severa.

Con respecto al *foco de origen*, gran parte de las bacteriemias estafilocócicas nosocomiales están en relación con la presencia de catéteres vasculares. Inicialmente esta complicación aparecía fundamentalmente en pacientes ingresados en UCI debido a la mayor utilización de vías de acceso central. Sin embargo, el aumento exponencial de la utilización de catéteres vasculares periféricos en todos los países desarrollados ha tenido como consecuencia el aumento del número de complicaciones asociadas, siendo la más frecuente la flebitis, la trombosis y la bacteriemia.

La tasa de complicaciones y la mortalidad global son mayores que en las bacteriemias no relacionadas con catéter.

En el medio nososcomial otros focos de bacteriemia son las infecciones del tracto urinario, sobre todo en portadores de sonda vesical, y las infecciones de piel y partes blandas en relación a úlceras de presión y cirugía.

S. aureus es una de las causas más frecuentes de artritis aguda, siendo factores de riesgo para la misma la artritis reumatoide, la adicción a drogas por vía parenteral, los traumatismos penetrantes o la utilización sistémica o local de esteroides.

En un tercio de los casos se desconoce el origen de la bacteriemia (bacteriemia primaria). En éstas, se aisla el microorganismo en el hemocultivo sin evidencia clínica de ningún foco de infección.

2.3 Diagnóstico de la bacteriemia. Hemocultivo

La detección de la bacteriemia, mediante la práctica del hemocultivo, constituye una de las prioridades del laboratorio de microbiología. Su importancia radica en que permite establecer el diagnóstico etiológico de la bacteriemia, la identificación del microorganismo causal y el estudio de su sensibilidad a los antimicrobianos.
Todo ello con la ventaja añadida de que no es una técnica costosa y su obtención no conlleva ningún riesgo para el paciente.

Los hemocultivos actualmente se introducen en sistemas automáticos que se basan en la detección del CO_2 que se produce en el crecimiento bacteriano.

Los microorganismos aislados en la sangre no siempre son los responsables del cuadro clínico del paciente, sino que pueden proceder de la contaminación de los hemocultivos.

Por ello, un hemocultivo positivo no siempre representa una verdadera bacteriemia y la interpretación clínica es imprescindible para evitar tratamientos innecesarios como sería el caso del aislamiento de estafilococos coagulasa negativa o corinebacterias.

En cuanto al tiempo de positividad del hemocultivo también se ha evaluado como un dato para interpretar el significado de los hemocultivos positivos.

En las bacteriemias por estafilococos coagulasa negativa se demostró que un tiempo de crecimiento inferior a 16 horas se correlacionaba con recuentos bacterianos altos y una sospecha clínica compatible con sepsis, por lo que orientaría a una bacteriemia verdadera.

Por el contrario, tiempos de crecimiento superiores a 20 horas se correlacionaron con recuentos bajos de colonias (< de 10ufc/ml) e indicarían una posible contaminación.

El tiempo de positividad también orienta el diagnóstico de bacteriemia relacionada con un catéter intravascular cuando el hemocultivo extraído por el catéter tiene un tiempo de positividad igual o menor de 120 minutos (min) respecto al hemocultivo de vía periférica.

Aunque los hemocultivos continúan siendo el método de referencia para el diagnóstico microbiológico de la bacteriemia, el tiempo necesario para la detección de crecimiento y la identificación del microorganismo supone en muchas ocasiones una demora en el inicio de la terapia antibiótica correcta.

Con el objetivo de acortar este tiempo se han desarrollado técnicas de diagnóstico molecular. Las técnicas comercializadas hasta el momento son capaces de detectar múltiples bacterias y hongos causantes de sepsis.

La bacteriemia por *Staphylococcus aureus* es una patología infecciosa de gran importancia por su morbimortalidad y prevalencia.

Es de interés conocer la epidemiología y características microbiológicas y clínicas de estas bacteriemias en nuestro medio.
El manejo clínico de la bacteriemia tiene implicaciones pronósticas por lo que es de interés evaluar las intervenciones dirigidas a mejorar la orientación diagnóstica y terapeútica.

3. Diagnóstico de laboratorio

Las muestras para identificación pueden obtenerse del pus de la superficie, sangre, aspirado traqueal o líquido cefalorraquídeo, dependiendo de la ubicación del proceso infeccioso.

3.1 Microscopía

En frotis teñidos con gram, los estafilococos aparecen como cocos grampositivos con diámetros de 0,5 hasta casi 1,5 µm. Los estafilococos al microscopio son cocos gram-positivos con forma de racimos cuando crecen en medio agar y aparecen solos, en pares, en cadenas cortas, en pequeños grupos o incluso dentro de PMN cuando se aíslan de muestras clínicas. Los cocos jóvenes son intensamente gram-positivos; al envejecer, muchas células se vuelven gramnegativas. Si el paciente ha tomado antibióticos, muchos pueden aparecer lisados. La sensibilidad de la prueba depende completamente de la toma de muestra, el tipo de la misma y la infección (absceso, bacteriemia, impétigo, etc...). Los pares o cadenas de estafilococos en los frotis directos no pueden diferenciarse concretamente de streptococcus, micrococcus o peptostreptococcus. No obstante, si puede hacerse la diferencia del género Macrococcus ya que presentan un diámetro claramente mayor. El diagnóstico de estas enfermedades se basa en las manifestaciones clínicas del paciente y se confirma con el aislamiento de S. aureus en el cultivo.

3.2 Cultivo

Los estafilococos crecen rápidamente en casi todos los medios bacteriológicos bajo condiciones aerobias o microaerofílicas. Las muestras clínicas principalmente se cultivan en medios de agar enriquecidos con sangre de carnero. Cuando se trata de una muestra contaminada, debe ser inoculada primero en agar Columbia adicionado con clistín y ácido nalidíxico o alcohol fenil-etílico.

Tiempo de cultivo en Sal-manitol	
24 h	Recomendado para los cultivos de muestras no contaminadas
24-48 h	Usado en cultivos mixtos/contaminados. Recomendado para conseguir colonias de tamaño adecuado para microscopía y pruebas.
72 h	Puede ser necesaria para aumentar la sensibilidad de las pruebas.

Los Medios diferenciales para S.aureus son el medio manitol-salino o Chapman y el medio Baird-Parker.

Entre los medios diferenciales comerciales se encuentran CHROMagar Staph aureus (Sensibilidad epidemiológica: 96,8%, 20 horas de incubación), tiñe las colonias de color malva y S. aureus ID agar (Sensibilidad epidemiológica: 91,1%, 20 horas de incubación), que tiñe las colonias de color verde.

Estos medios comerciales verifican la presencia de a-glucosidasa dirante el desarrollo (las colonias de S.aureus coaglulasa negativos crecen en color azul, blanco o beige). Su temperatura óptima de crecimiento va de 35 a 40 °C y el pH óptimo oscila entre 7,0 y 7,5 aunque soportan pH mucho más extremos. Soportan tasas elevadas de cloruro sódico, hasta un 15%.

Principales métodos de identificación de *Staphylococcus aureus*	
Diferencial	**Metodología**

Otros *Staphylococcus*	• Bioquímicas:
	    • Catalasa positivos
	    • Coagulasa negativos
	• Enzimoinmunoanálisis

Micrococcus
• catalasa positivo
• morfología similar
• tamaño parecido
	• Cultivos:
	    • Cultivos diferenciales (véase texto)
	    • Morfología colonial: convexa
	    • Velocidad de crecimiento: lenta
	    • Ácido-glicerol-eritromicina: negativo
	• Pruebas bioquímicas
	    • No produce ácido en anaerobiosis
	    • Resistente a liostafina

	- Resistente a furazolidona - Sensible a bacitracina
Macrococcus - morfología similar	- Clínico: causa infecciones equinas - Microscopía: cocos grandes

Streptococcus
 	
- morfología parecida
- hemólisis
	- Microscopía: en cultivos, los estreptococos forman cadenas.
	- Clínico: no ocasiona forunculitis.
	- Cultivo:
	  - Manitol-sal (*Streptococcus* no crece en concentraciones altas de sal)
	- Pruebas:
	  - Catalasa-negativo

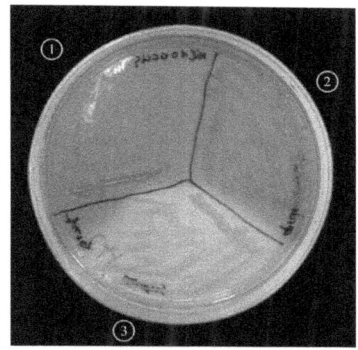

Cultivo de estafilococos en agar-sal-manitol (o chapmanes) que muestra colonias de *S.aureus* (sección amarilla/dorada).

www.ingramcontent.com/pod-product-compliance
Lightning Source LLC
Chambersburg PA
CBHW072310170526
45158CB00003BA/1260